# 神奇的生命科学

## Hi博士的30个生物科技酷知识

陈彦荣◎著　Joker◎绘

台海出版社

北京市版权局著作合同登记号：图字 01-2022-1503

Ⅰ中文简体字版 © 2022 年，由台海出版社出版。
Ⅱ本书由字亩文化创意有限公司正式授权，经由 CA-LINK INTERNATIONAL LLC 代理，北京乐律文化有限公司出版中文简体字版本。非经书面同意，不得以任何形式任意重制、转载。

**图书在版编目（CIP）数据**

神奇的生命科学：Hi 博士的 30 个生物科技酷知识 /
陈彦荣著 ; Joker 绘 . —— 北京：台海出版社，2022.9
ISBN 978-7-5168-3360-5

Ⅰ.①神… Ⅱ.①陈…②J… Ⅲ.①生命科学—少儿读物 Ⅳ.① Q1-0

中国版本图书馆 CIP 数据核字（2022）第 145409 号

## 神奇的生命科学：Hi 博士的 30 个生物科技酷知识

著　　者：陈彦荣　　　　　　　绘　　者：Joker

出 版 人：蔡　旭　　　　　　　封面设计：末末美书
责任编辑：魏　敏　高惠娟

出版发行：台海出版社
地　　址：北京市东城区景山东街 20 号　邮政编码：100009
电　　话：010-64041652（发行，邮购）
传　　真：010-84045799（总编室）
网　　址：www.taimeng.org.cn/thcbs/default.htm
E－m a i l：thcbs@126.com

经　　销：全国各地新华书店
印　　刷：三河市嘉科万达彩色印刷有限公司
本书如有破损、缺页、装订错误，请与本社联系调换

开　　本：880 毫米 × 1230 毫米　　1/32
字　　数：150 千字　　　　　　　印　　张：6.25
版　　次：2022 年 9 月第 1 版　　印　　次：2022 年 9 月第 1 次印刷
书　　号：ISBN 978-7-5168-3360-5

定　　价：49.80 元

# 掌握硬知识 开拓想象力

台湾科技大学副校长　**庄荣辉**

　　从埃及壁洞中的壁画可以观察到，五千年前埃及人就懂得酿酒技术。这项技术，可以说是最原始的生物科技，也就是用酵母菌将果实中的糖转换成酒精。往后无论是农业上的育种技术，还是从霉菌中分离抗生素，都给我们的生活带来了一次又一次

的神奇改变。

1953 年，科学家发现了 DNA 双螺旋结构模型，宣告基因时代来临，分子生物学快速蓬勃发展，人类开始运用一些分子生物学的知识、基因工程的技术等，开创"生物科技时代"。第一个跨时代的基因工程产品，正是将人类胰岛素原基因导入大肠杆菌中，通过大肠杆菌产生胰岛素，这一创举拯救了许多糖尿病患者。

随着绵羊多莉的成功克隆、人类基因组计划的开展、基因编辑技术的演进，快速发展的生物科技开始颠覆我们对生物学的认知和想象。除了对这些科技题材感到兴奋外，我们也会好奇，生物科技到底可以带给我们哪些好处或是改变，甚至是冲击呢？生物科技是否可以解决我们现在所面临的各项难题，如新型冠状病毒肺炎疫情？一般民众或儿童，又是否能通过一些渠道，以更简单的方式去理解这些硬知识？

　　陈彦荣博士是我在台湾大学农化系任教时的学生，从他学生时代到他回到台湾大学任教以来，在与他的交流中，我可以感受到他对科学的热爱，以及想要传授这些知识给普通大众的热情。后来他在台湾一家日报的科学版上撰写专栏，通过逗趣的漫画脚本，结合亲切的文字与口吻，描写了一个个吸睛的生物科技事件，将生物科技的原理，用浅显易懂的方式传授给儿童，甚至传授给对生物科技感兴趣的大人。

　　我相信，儿童需要尽早知道这些最前端的生物科技知识，这将激发他们的想象力以及对科学的热忱，更能使他们理解学校教学背后的目的，产生"开眼"的效应。现在他将专栏内容加上部分新的篇章整理出书，期待家长与小朋友一起翻开这本书，踏上生物科技的奇幻之旅。

# 点燃探索
## 未来的火苗

台湾师范大学附属高级中学校长　王淑丽

　　本书主角 Hi 博士，就是作者陈彦荣博士的化身，他总是能用幽默风趣又创意十足的方式，来描述专业、深奥的科技知识。因此我常邀请他来指导附中的学生，无论是对于专题研究，还是大学申请入学备审资料，他都能给予十分专业的建议，非常受学生们欢迎。

近年来生物科技领域蓬勃发展，有许多新发现。从餐桌食材、保健食品到先进医疗科技，一再刷新我们的认知。

本书内容一点也不艰深，一点也不枯燥。我认为不光是小学生，即使是中学生甚至是大人，也一定会享受这样充满科学刺激的旅程。

本书一共有三十篇，通过 Hi 博士与一只叫阿妞的和尚鹦鹉的诙谐对话，搭配趣味漫画，呈现出一篇篇硬核又烧脑的生物科技知识，带领儿童进入奥妙科学知识的殿堂。阅读后，我竟也开始留意生活中的生化产品了。"让生化科技成为茶余饭后聊天的酷话题"，这不正是国民教育一再强调的提高综合素质的写照吗？因此，我更要极力推荐家长和小朋友读这本书，一探究竟了。

我从事教育工作多年，也与陈博士相识多年，深知他的教育理念。这本书就是火柴，期待它能点燃儿童心中探索未来的小火苗！这也是陈博士撰写这本科学小书的初衷吧。

# 欢迎光临生物科技的奇幻世界

陈彦荣

从 1953 年解开 DNA 构造的谜团开始，人类在生命科学方面的进展，不管是速度还是广度，都超乎想象。虽然这是很久之前的发现，但人类生命的奥秘其实与我们是零距离，因为它一直在我们身体里面。这些年来，科学家开始用工程技术的方式，把身体里面发生的事情，应用到生活周遭的产品上，带动新兴生物科技蓬勃发展。

身体里的生命元件，不像是触手可及的信息家电，也不像是常用的汽车材料，不能用眼睛直接看到。但是，我们可以像侦探一般，靠着一些工具和科学方法，来探索生物科技这个奇幻的世界。不论是家里的柴米油盐，还是商店里琳琅满目的商品，甚至在医疗、工业等领域，我们都会发现由生物科技的力量推动的产品。然而，这些生活中随处可见的生命与生物科技，却很少在中小学课本里出现。

我写"Hi博士与阿妞"的科普故事，是受到一位日本学长的启发。他自日本东京大学毕业后，成立了一家专门服务儿童的教育中心，聘用了许多博士级人才，为儿童制作教具、设计课程，教授学校没有教的科学知识。学长的这家公司，也与日本企业合作，从寻求赞助，走向了教具制作商品化。他的理念很简单，就是让儿童知道最新、最酷的东西，用书籍、教具、课程来激发儿童的想象力和创造力。这个想法，也让我这个科学工作者感同身受，因为我看到了人类在生命科学领域最前沿的发现，它激起了我对于未来的无限想象，这也成为我致力于科学技术研发的驱动力。"如果这样的冲击影响了我，那它更有可能影响到未来不可限量的儿童。"我如此相信。

在日本，童书中有很多内容是关于新兴的科学发现，这些书用儿童也可以探索的角度和文笔，呈现给儿童。也许学校不会教学生什么是DNA、什么是半导体材料，但这些跟生活息息相关的知识，会通过电视节目，或是经过细心编写的童书，一步一步开启儿童对周遭事物的探索之门。我相信，为儿童做这些事的目的，是让儿童站在巨人的肩上看得更远。

书店里各种图书，都是激发我各种灵感的来源。在日本求学时，我喜欢在书店里驻足，在书店的角落里寻找各种类型的书籍。

我常把我在日本学开车、换驾照的经历当作趣谈。在中国考出驾照后，我就没上过路，甚至忘记了怎么开车。去日本后，我在日本的书店里翻到了

一本用漫画搭配说明的书，告诉我怎样开车、怎样安全地开车，这也让我成为三四十位有经验的司机中，成功换得驾照的三人之一。此事让我赞叹，日本真是什么书都有！

我也因此相信，任何题材

的书只要写得好，就能影响到其他人，毕竟连如何安全开车，都有书籍可以参考。当然，给青少年、儿童的好书更应不在少数。

在这本书中，我通过"Hi博士与阿妞"的热情演出，希望把小读者带入生命科学的奇幻世界中。本书除了介绍DNA生命密码书如何开启生命的运作外，也包含这些生命科学的应用与技术发展，例如食品科学与医药科技，取材涵盖生活周遭事物及最新科学发现。

写作过程中，我减少了大量复杂的专业用语，用儿童都看得懂的比喻，来让所有非生化领域的大小读者，都能一探究竟。所以，这不仅是一本童书，也是一本适合普通读者的科普书。

### 给小读者的父母：

Hi博士与阿妞的对话，来自我的生活写照与想象，希望本书能够让儿童发现科学现象很有趣，让他们对周遭这些看不到的世界感到好奇、想要探索。书中许多小故事来自生活，都是我在搜集文献资料后，转译而成。如果孩子们对其中的某些内容有兴趣，可以到网上或去图书馆挖掘更多信息。我永远相信，就算是天马行空的讨论，也会激发儿童无限的想象力和创造力。

## 给小读者：

欢迎跟着 Hi 博士与阿妞进入这个不容易发现的生物世界，这个小世界就存在于你的身体内，或是你看得到、摸得到的周遭生活里。很多知识真的很酷，甚至连老师或是父母可能也不知道。你可以听听 Hi 博士与阿妞怎么说，再告诉父母这些你听来的小秘密！

也许你会问："为什么会这样？""为什么要那样？"其实这些问题并没有标准答案，因为有很多小故事，包括 Hi 博士和其他科学家都仍在努力找答案。你可以猜一猜、想一想，甚至寻找一些线索，也可以告诉 Hi 博士你的想法喔！

# 目 录

## 第 1 章　生命解码

# 第2章　食品科学

# 第3章　生物医学

## 第 4 章　未来生活

# 基因解码
## 认识你自己

你长得像爸爸还是像妈妈？
或是又像爸爸又像妈妈？
我们的长相到底是怎么决定的呢？

以前，人们知道"种瓜得瓜，种豆得豆"。科学家认为，可能有一种被称为"遗传物质"的东西，可以把爸爸、妈妈的长相和特征传给下一代。后来的科学家陆续发现这些遗传物质，并把它们叫作**基因**，也发现这些基因就记录在 DNA 上。

DNA（DeoxyriboNucleic Acid，脱氧核糖核酸），是身体里记录遗传密码的物质，由四种不同的核苷酸中的碱基（简写成 A、T、G、C）组成。近代的生物学家发现，A、T、G、C 串起来的各式各样的组合，不断连接下去，竟然隐藏了组成身体各式各样元件的蓝图，这也成为细胞内记录各式各样元件的密码书。

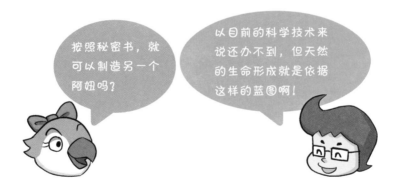

按照秘密书，就可以制造另一个阿妞吗？

以目前的科学技术来说还办不到，但天然的生命形成就是依据这样的蓝图啊！

DNA 的四种碱基，除了可以各自串联成直链，也与特定的成分进行配对，例如 A 会和 T 配对，G 会和 C 配对。当配对形成后，就会让两条直链形成一个有规则的双螺旋状。

1953 年，科学家沃森和克里克证实了 DNA 的双螺旋结构。这个发现，让科学家可以很清楚地观察 DNA 的长相与立体结构，让生命科学进入新征程。仿佛原本科学家只能在黑暗中摸索，现在突然有人开了灯！

DNA 上的密码又多又长，还有很多看起来不像是身体可以用到的密码夹杂在里面，这些都影响着生命科学研究和医学研究的进展。然而，科学家还是需要明确地找到黑头发的基因是写在哪一页，卷发的基因又写在哪一个区域，或是患有哪种疾病是因为哪个基因出了问题，这样将来才能更准确地研发药物或了解生命。也因此，基因解码一直是一项重大工程，毕竟人类身体的密码多达三十亿种！

多年前，科学家开始有系统地研究 DNA，终于在 2000 年，毕业于台湾大学生化科技学系，任职于美国国家卫生研究院、美国赛亚基因公司的陈奕雄博士，与他领军的国际团队共同译码，发表了人类全部的 DNA 密码，将三十亿种密码公诸于世。从此，基因科技进入了一个新纪元——基因组时代，这将有利于科学家去研究疾病形成的原因。

哈！那博士的密码就被大家看光光了！

基因解码可以帮助大家更了解生命科学。除了人类、水稻、实验鼠外，说不定哪天就轮到和尚鹦鹉啦！就可以知道为什么你这么多话了！

# 基因捆绑

## 这一招改变细胞的命运

如果把 DNA 密码书随意捆绑，
会发生什么事？

　　有着长链结构的 DNA 双螺旋密码书，平常就像上锁一样，会捆绑在一些被称为**组蛋白**的蛋白质上面，在上面缠绕以后隐藏起来。如果用高倍率显微镜观察，就可以看到这些缠成一捆一捆的密码书。这些一捆一捆的缠绕结构，会持续捆绑成粗粗的一条，也就是**染色体**。染色体数目也会因生物种类而有不同。像人类，就有 23 对（46 条）染色体，狗和鸡都是 39 对染色体，果蝇则只有 4 对染色体。

　　人类的每条染色体的大小都不太一样。其中有两条是性染色体，我们称为 X 染色体和 Y 染色体。**男性的性染色体是 XY 的组合，女性的性染色体是 XX 的组合**。染色体的外观，也可以成为医生做健康检查的判断依据。比如，有些癌细胞的染色体会断裂，有些细胞则会显示多了一条染色体。可想而知，密码书多写了一本，蓝图就会有很大的不同，照着这个蓝图制作细胞元件，当然就会生病。

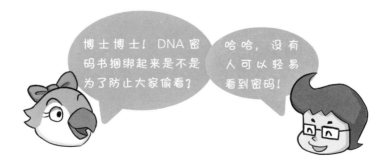

博士博士！DNA 密码书捆绑起来是不是为了防止大家偷看？

哈哈，没有人可以轻易看到密码！

DNA密码书缠绕后,的确是有防止被偷看的功能。比方说在皮肤细胞里，只有一些跟皮肤相关的密码书会被打开来"解密"，让皮肤细胞可以依据这幅打开的基因蓝图工作，制作出需要的细胞成分。但是在肝脏细胞里，这些跟皮肤细胞相关的密码就会再度被缠绕，不容易被肝脏细胞的制造系统"偷看"到，肝脏细胞就只会依据裸露出来的肝脏细胞密码蓝图，制作出需要的元件。这些特定的缠绕，看起来很简单，但最近的科学研究发现，这些防止被偷看的功能，竟然也成为一种基因开关。

这么说来，如果组蛋白把 DNA 捆绑得越紧，密码书就越不容易被偷看了？

阿妞真有天分，就是这样简单！但组蛋白是怎样把 DNA 捆绑得紧密与松散的，科学家还在研究控制的方法呢！

那么，如果把 DNA "乱捆绑" 或是 "乱解开" 会怎样？其实科学家也发现，当细胞要改变命运时，可能需要精密地把特定组蛋白跟 DNA 分开。例如 2012 年诺贝尔奖得主山中伸弥博士，就成功将体细胞 "变身" 成多能干细胞。很多科学家发现，山中伸弥博士使用的四个因子会影响组蛋白的特性，以此来改变 DNA 的捆绑。

当把四个转录因子放到皮肤细胞内，竟然使原本皮肤细胞内被捆绑的干细胞密码区域裸露出来，而原本皮肤细胞的 DNA 密码区域反而被捆绑起来。细胞依据这些制作干细胞元件的 DNA 密码蓝图来工作，最后皮肤细胞就变成干细胞了！

32

# 限制酶与连接酶
## 剪剪贴贴的基因工程

DNA 是双螺旋结构，
如果被剪断怎么办？

　　前面跟大家谈过，生命密码书是由代号 A、T、G、C 四种化学物质串起来形成的有意义的密码蓝图。阅读密码蓝图，就可以让细胞核内的"蛋白质工人"依据蓝图，制作细胞需要的蛋白质，让细胞能顺畅地运作。也就是说，这些密码书撰写着"如何产生蛋白质"的密码。

那么，如果想使用这些蛋白质的话，是不是可以直接把密码书取来，直接阅读蓝图，就能够生产出想要的蛋白质呢？早在 1978 年，美国基因泰克公司就利用这样的想法，把人类的胰岛素基因转入细菌里，让细菌生产人类的胰岛素分子。

胰岛素是吃的吗？

不是啦！胰岛素是一种荷尔蒙。长期缺乏胰岛素，会患糖尿病。有一类糖尿病患者必须长期注射胰岛素，以此来控制血液中的血糖呢！

利用细菌来生产人类的蛋白质，最重要的挑战，是如何将人类 DNA 转入细菌细胞内。这个过程，又可以称为**基因工程**。

基因工程技术能够突破，是因为科学家发现，有些特殊的酶——限制酶，会辨识密码书上特殊的密码序列，还可以把那段密码"剪"下来。同时，科学家也发现连接酶可以把剪断的密码书"接"回去。所以，用这两种酶，就可以把密码书任意"剪下"和"接回"。

　　大多数的限制酶，就是从细菌内找到的。只要找到一种限制酶，就代表可以剪下一个特定的基因密码序列。例如来自大肠杆菌的 EcoRI 限制酶，可以辨识 GAATTC 密码序列，当 EcoRI 看到密码书上有 GAATTC 时，就会从 G 和 A 之间，把密码书之间的化学联结剪断！

它们该不会乱剪一通吧！

当然有可能！但辨识的密码长度稍长时，就不太容易发生，也不会剪得太碎！就跟我们设定密码一样，如果密码只有三个数字，很容易被破解，但如果是十个数字，就很难破解啦！

目前被科学家使用的限制酶有上百种，其中有辨识四码的，也有辨识八码的，一般常用的是六码，这样在上千万个密码序列中，遇到相同密码的概率就会降低，所以不会剪得太碎。

当限制酶剪下密码书的片段后，如果又想接回去，就要看是不是有剪接口可以配对。如果能够配对，就可以利用连接酶，像胶水一样，把密码书接起来！至于剪接后，又该怎样放进细菌里，让细菌可以阅读密码书？之后的章节会告诉你！

想不到可以剪接密码，那我想把不要的密码剪掉！

不可以乱剪！万一剪错，你的嘴巴可能就不见了！

04

# 基因载体
## 细胞改造的操作手册

怎么让不同的
细胞结合在一起？

　　上篇我们谈到，科学家发现从细菌中可以分离出一些特殊的酶，也就是负责"剪""接"DNA密码书的限制酶和连接酶。这两种酶可以辨识有特定编码的区域，一刀剪下；还可以依据DNA密码书A-T、G-C

的配对，将剪断的DNA接起来。所以，如果知道水母有荧光基因，就可以将制作荧光蛋白质的密码书，从水母密码书中剪下来，再放到热带鱼细胞内，把热带鱼变成荧光鱼。

事实上，剪下来的DNA密码书，就像是从书上撕下来的一页纸那样没头没尾，在没有整理过的情况下，被放到细菌、热带鱼、人类的细胞内，都不能被阅读。所以科学家需要想办法，让这些被剪下来的密码书，能被想"改造"的细胞、生物阅读。

最后想到的好办法，就是由科学家自己来写一本小小的"完整DNA密码书"。这本小小的DNA密码书，是模仿要"改造"的生物的阅读方式来撰写的。

试着想想看，写给儿童阅读的书，是不是可以让字大一点，图多一点，文字少一点？同样的道理，要把水母的荧光基因给细菌阅读，就**必须以细菌细胞能阅读的方式**来写这本书。这本小书，被称为**基因载体**。这种载体，通常是由DNA片段构成的圆形密码书，会在圆圈上设计一些能被限制酶切断的地方，方便科学家将想要的DNA密码书剪接进去。

载体是什么？是像小船还是车子？

嗯，是类似的概念呀！就是把剪下来的特殊密码书放到载体上，"载送"到细胞里。

细胞是依据自己的基因密码书维持生命运作的。如果我们把其他的 DNA 密码书随意剪接上去，很容易破坏原本的密码，导致细胞无法运作。但是，**载体就像独立的密码书**，细胞内的"蛋白质工人"会过来翻阅，照着载体上的记录试着做做看，**这并不会影响到原本的细胞密码书**。

　　不过，细胞那么小，又不喜欢引进的密码书，科学家要怎么知道载体真的被保存在了细胞里，而且被利用了呢？方法就是在载体内放上"解毒密码"。拥有解毒密码的细胞，就能在药物培养的环境中存活下来！

载体好可怜，只能在美丽的细胞世界的小角落里画圈圈。

嘿嘿，科学家也研究出一些像间谍一样的载体，是一种可以进入细胞的大型密码书！下次再跟你说。

# 05

# 基因重组
## 病毒与细胞的间谍游戏

医生说感冒是因为身体内有病毒，
那为什么病毒可以躲在身体里？

前文我们告诉过大家，如果人类想要让一种细胞表现出它本身没有的基因特性，例如让鱼的细胞产生荧光基因，那么就可以将编写荧光蛋白质的 DNA 密码书剪下来，放入小小的基因载体中，再送进细胞里，这样鱼的细胞就可以发出水母的荧光。然而，这里出现了一个很大的问题，就是这些用载体送进细胞的小小 DNA 密码书，因为是"引进的"，隔了一段时间后，就会被丢到细胞外，以避免产生错乱。

想不到，偷偷叫细胞做我们想做的事，也会被发现？

设错！细胞很聪明的！

但科学家又发现，当人类被病毒感染时，**病毒的密码书竟然可以潜藏在细胞里很久**，也就是说，病毒往往有很长的**潜伏期**。为什么细胞没办法把病毒的密码书丢掉？那是因为有些病毒会用一些特殊的方法，把自己密码书的内容偷偷写进细胞的密码书里，而且不会被细胞内的"蛋白质工人"发现。

　　病毒用的方式就叫**基因重组**，就好像把一本装订好的书细心拆开，再偷偷把其他书页（病毒的密码书）安插进去，接着用订书机重新把书订起来那样。也就是说，病毒利用了细胞本身的"基因重组酶工人"来帮忙。在平时，这样的酶是用来帮助细胞整理DNA密码书，再给细胞阅读的。

利用基因重组酶，方法是从密码书的特定密码着手，比方说，当两个相同的DNA密码内容靠在一起时，"基因重组酶工人"就会把两个内容"交换"。

　　用密码书来解释，如果要把一页新密码安插进整本密码书，就要把新密码页前面几句话跟后面几句话，都写得跟原密码书中其中一页的前后句子相同。"基因重组酵工人"看到前后内容都一样，就会把原书本那页撕下来，把另一页安插进去。

　　因此，病毒的密码书会有几句话写得跟细胞内部的密码书一样，被安插到密码书里后，细胞就丢不掉病毒了！

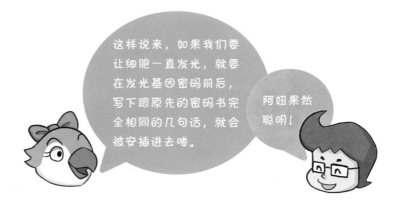

这样说来，如果我们要让细胞一直发光，就要在发光基因密码前后，写下跟原先的密码书完全相同的几句话，就会被安插进去喽。

阿妞果然聪明！

# 从生命科学走向生物科技

生命科学和生物科技，有什么不一样？

生命科学，是传统生物学的延伸，包含生物的分类、演化、解剖构造、生理或是遗传等相关研究。随着科学进步，这些传统生物学的研究也开始用精准的方式、精准的尺度，并且从精准的分子角度去探索。也因此从生物学开始，加上了"科学"的名词与概念，慢慢演变成了"生命科学"。

1953 年，科学家解开了 DNA 的结构，人类更加了解生命科学，并开始用基因工程的方式，改变生物的遗传密码，让生物可以替人类做事情。这些帮人类做事情的新生物工具，就衍生出"生物科技"这个新领域。但是，其实在五千多年前，埃及人制酒，就是用酵母菌产生酒精给人们饮用呢！所以生物科技是老科技，也是新科技！

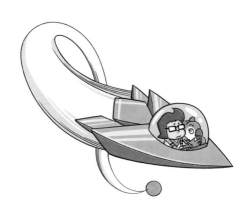

第 2 章
食品科学

# 人造牛肉
## 用干细胞就能把你喂饱

要如何通过细胞培育出牛肉呢？

2013 年 8 月 5 日，当时世界上最贵的牛肉汉堡被正式端上餐桌。这块牛肉不是从听音乐、享受按摩的牛身上取得的，也不是来自生活在宽广草原上的牛的身上，而是来自生化实验室里，由一些细胞慢慢培养而成，并在厨师精心调配下，做成的要价上千万的"试管汉堡"。

Hi 博士，养牛就好了，为何要这么麻烦又这么昂贵？

阿妞，你想想，不见得到处都可以养牛呀？

这个牛肉汉堡，除了一些帮助形成牛排的原料，像是增加颜色的番红花还有甜菜汁，或是帮助形成肉块的鸡蛋粉等，其余的部分都是由实验室培养的**肌肉细胞**所构成的。这些肌肉细胞的源头，就是**干细胞**。

**干细胞是身体里面帮助修复器官和组织的原始细胞。**我们每天使用身体的各个部位和器官，就会让这些细胞老化和死去，这时候就需要干细胞分化、分裂，制作出新的细胞。在发育过程中，**干细胞也是身体所有细胞的来源。**

我以为肌肉细胞可以自己生出新的肌肉细胞呢！

身体的很多细胞，并不会再复制生长，要补充就得靠干细胞了。

　　因此，当实验室需要大量的肌肉细胞时，如果可以获得干细胞的话，**干细胞靠着自身强大的更新复制与细胞分化的能力**，就可以成为需要大量肌肉细胞的人造牛肉的源头。

　　发明这个人工牛肉汉堡的科学家，就是从两头牛身上分离出干细胞，并且在实验里，添加一些刺激细胞增长的生长因子与荷尔蒙等成分，让这些干细胞大量增生，分化成数兆个肌肉细胞，而这些肌肉细胞会继续形成成熟的肌肉纤维。之后，再给予一些细胞长大需要的氨基酸、糖类与脂肪。这些肌肉纤维会开始收缩、缠绕，最后慢慢扩大开来，形成环状的肌肉组织。科学家便可以用这些肌肉组织，制作人造牛肉。

然而，该如何让人的细胞或是牛的细胞在培养皿中大量增长呢？这个技术最大的挑战在于，如何模拟出身体里面的条件。

一个细胞在身体里面，可以靠着血液供给养分。这些血液经由微血管延伸到器官组织中，再把氧气、激素、氨基酸、糖类与脂肪等，通过细胞最外圈的细胞膜上面的传输通道、接收信息的受体天线等送进细胞，来告诉细胞要生存、分化或是走向死亡。

因此，如何能够在培养皿中模拟出身体里的条件，了解细胞将需要哪些养分、需要哪些信息，并如何将其正确传递给培养皿中的细胞，这成为是否能够培养与控制细胞的关键。另外，细胞可能越长越多，在培养皿没有类似血管组织的运输帮助下，如何让每个细胞团的内部也吸收到养分，也是这项技术的瓶颈。

你们人类好奇怪，喜欢吃这种人造的肉。

哈哈，如果有这项技术，也许以后可以解决粮食问题，甚至在恶劣的环境或是外太空，都能制作出牛肉啊！

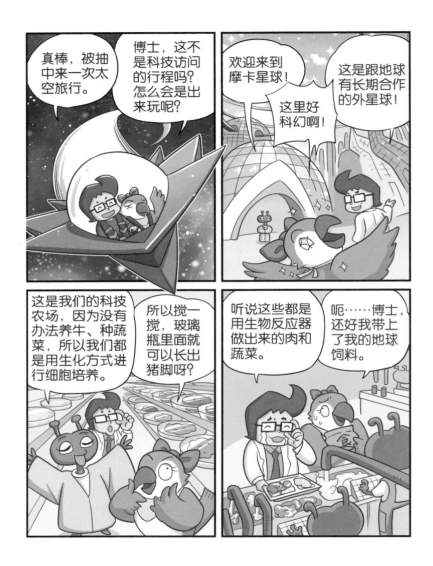

真棒，被抽中来一次太空旅行。

博士，这不是科技访问的行程吗？怎么会是出来玩呢？

欢迎来到摩卡星球！

这里好科幻啊！

这是跟地球有长期合作的外星球！

这是我们的科技农场，因为没有办法养牛、种蔬菜，所以我们都是用生化方式进行细胞培养。

所以搅一搅，玻璃瓶里面就可以长出猪脚呀？

听说这些都是用生物反应器做出来的肉和蔬菜。

呃……博士，还好我带上了我的地球饲料。

# 无菌封装

## 揭开罐头"长寿"的真相

为什么放了好久的罐头还可以吃？

　　我们身边有许多细菌，这些细菌会在空气中飘来飘去，如果停在有营养的食物里繁殖，就会让食物腐坏。一旦我们把这些腐坏的食物吃下肚，就会拉肚子，严重的甚至得去医院看胃肠科了！

再回到餐桌上看看，妈妈昨天才买的鱼罐头，保质期竟然有一年之久！鱼类不是烹饪后就得赶快吃掉，或是得马上冷藏，才能维持一两天的最佳食用期吗？为什么罐头可以存放这么久？

这还不简单，罐头里面乌漆墨黑的，细菌才不想进去住。

罐头里黑黑的，是因为包得密不通风。

　　罐头的制作会经过一道杀菌程序，当食材中的细菌被杀光后，再将其放到无菌、密封完整的金属罐头内，就没有任何细菌存在，食物当然就不会腐坏。

　　将近两百年前，科学知识还不像现在这么普及，法国微生物学家巴斯德想要证明，空气中的细菌是食物腐坏的元凶，就做了一个鹅颈瓶实验。他将肉汁放到一个弯曲玻璃管的瓶子（鹅颈瓶）里，瓶管的一边是开通的，可以连接肉汁与外界空气，然后他把肉汁用酒精灯加热到沸腾。之后放了一两年，肉汁竟然都没有腐坏！

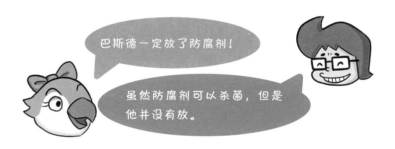

巴斯德一定放了防腐剂！

虽然防腐剂可以杀菌，但是他并没有放。

几年之后，他把弯曲的玻璃管打断，结果肉汁没多久就腐坏了。巴斯德的实验证明了一件事：空气中的细菌会飘落下来，如果不让这些细菌有机会接触已经杀过菌的食物，食物就不会腐坏。

巴斯德的发现，改进了食品保存方式。由于巴斯德对微生物学有很大的贡献，他也被称为"微生物学之父"。但其实巴斯德还有很多科学上的其他贡献，如发明了传染病预防接种技术等。

罐头之所以能保存很久，是因为食材先经过加热、煮熟，在没有细菌的环境下，被封装进由锡金属制作的白铁皮罐中。这样一来，除非罐头盒受到破坏，不然不需要加防腐剂就能放很久。

另外，可以放在室温中保存很久的保久乳，也是因为经过了长时间杀菌，再利用无菌包装材料包装了起来。

难怪保久乳味道怪怪的，原来是少了细菌的味道。

不是这样啦！食物经过灭菌过程，往往会有一些成分转换，会有不同于鲜奶的味道产生。有些人就是爱这样的味道呢！

# 08

# 高温杀菌
## 保持食物的新鲜度

**如何才能杀死牛奶里看不见的细菌？**

上篇我们提到，食物经过杀菌处理后，如果处在密封无菌的环境中，可以保存很久。因此，如何杀菌或灭菌，是食品保存中相当重要的一环。我们知道，加热可以杀菌，并除去食品中的微生物，让食品保持新鲜。然而，加热过程也会让食材产生物理与化学变化，可能让食物变得不好吃，也可能使食物失去原有的营养成分。

人类为了吃，还真不嫌麻烦。

我们习惯吃熟食呀！

　　杀菌的方式有很多，比方说用高能量的放射线、紫外线、化学药剂或加热等方式杀菌。不过，食品多半是采用加热杀菌。要了解如何让食物无菌，就必须知道怎样才可以消灭细菌。某些细菌内部会产生**内生孢子**，所以杀菌更需要特殊条件。

　　内生孢子是细菌为应对环境危机，将自己的 DNA 蓝图存放在细菌细胞内的特殊构造，非常强韧。因此，需要特别高的温度和压力来对付——**也就是 121 摄氏度，持续 15 ~ 20 分钟。这也是制作罐头的灭菌条件。**

高温烹煮后，东西还会好吃吗？

你说得没错，有时候还会变得不新鲜！

　　加热虽然可以去除细菌,却可能破坏食品的味道,因此很多食品加工厂会推出有"最佳食用期"的食品。以常喝的牛乳为例来说明，大家就会很清楚。

　　牛乳从乳牛身上挤出来后，可以利用持续高温灭菌，如果装填到无菌包装中，就是保久乳。然而，这种灭菌方式可能会改变保久乳中的一些成分，甚至改变味道，使口感变得比较醇厚香甜。你仔细看看鲜乳瓶子上的标识，会发现它的灭菌的温度跟保久乳不同。

难怪隔壁王伯伯不喝鲜乳，他说会拉肚子！

那不是细菌的问题，是王伯伯的肠道不能处理鲜乳中的"乳糖"，这称为"乳糖不耐受"。

　　鲜乳的杀菌方法，常见的有高温短时间加热、超高温杀菌法等。以高温短时间加热来说，杀菌温度为72～75摄氏度，时间大约在15～60秒。

　　这种杀菌方式对牛乳的蛋白质破坏较少，也可以保存牛乳原有的味道，但是保存期限比较短，只有7～20天。

　　另外，超高温杀菌法的杀菌温度为125～135摄氏度，进行杀菌的时间只有短短的几秒钟，然后就急速冷却，这样可以杀死 99.9％ 的细菌。在低温下，经过超高温杀菌的鲜乳可以保存 30 ～ 60 天。一些国外进口的鲜乳，就是利用了超高温杀菌法，可以保存较久，但仍是鲜乳，不是保久乳。

那是因为跟国产鲜乳比起来，杀菌温度高很多呀！

难怪国外进口的喝起来比较甜。

# 酵母菌
## 让面包蓬松的魔法师

松软的面包是怎么做出来的？

　　"这是冠军面包师傅做出来的面包！""这面包是天然酵母发酵出来的！"口耳相传的"冠军面包"，一定充满香气，让人忍不住食指大动。想想看，这些面包松软 Q 弹的秘密是什么？

面包最主要的原料是小麦。**小麦制成面粉，可以依据面粉中蛋白质的多少，分成高筋面粉、中筋面粉和低筋面粉。** 高筋面粉是蛋白质含量较高的面粉。中筋面粉的蛋白质含量在面粉中大约排在中间，多用来制作馒头、水饺皮或面条。低筋面粉因为蛋白质含量低，相对松软，则适合制作蛋糕类的点心。

别说了，我好想吃！

哈，那你先吃几口面包吧！

谷蛋白和麦胶蛋白，是面粉中主要的蛋白质成分，也是形成各种口感的主要原因。面粉加水后搓揉，谷蛋白和麦胶蛋白便会和周边的面粉分子形成化学键结，组成三维空间的结构。就像海绵一样，这些三维空间中会形成孔洞，孔洞中会涌入淀粉或水。**当面粉被来回搓揉，这些三维空间的结构就会越来越复杂，**

空气也会不断被揉入面团中。

所以面包师傅揉面团，也有秘密在里面？

没错，因为特殊的力道与手法，可能会让结构不同，口感也不同。

　　单靠搓揉形成的面包，其实比较筋道且 Q 弹，像我们常吃到的薄皮比萨，就是这类面团制成的饼皮。那怎样做面包才会蓬松呢？这就要靠**酵母菌**来帮忙。

　　酵母菌有许多功能，也常被用在食物里，例如酒类或面包。有人猜测，可能是古人不小心让面团沾到了酵母菌，**酵母菌在面团中发酵，产生二氧化碳**，让整个面团变酸。古人不想浪费食物，将面团继续拿去烘烤，而意外制作出松软的面包。

古人可以看到酵母菌吗？怎么保存酵母菌？

他们会留一个小面团叫作"老面"，再混到新面团里，就能让酵母菌繁衍下去。

　　除了酵母菌，也有面包师傅用小苏打粉产生二氧化碳，进一步酸化面团，同样能产生类似酵母菌的效果。有些面包店标榜自己使用"天然酵母菌"，但**酵母菌本来就是天然的微生物**，所以不管使用什么样的酵母都可以说是天然的。加上现在微生物学的进步，我们更可以精准地知道该使用哪一种特定的酵母菌了。

那过期的面包为什么会变难吃？

那是因为面包的三维空间结构经过一段时间后改变了，也可能是淀粉产生了结晶，就会让口感变差啦！

# 乳酸菌

## 守护肠道健康

乳酸菌为什么可以维持肠道健康？

　　生活中常见的乳酸饮料、酸奶，都属于益生菌饮料。**乳酸菌，则是益生菌中重要的细菌之一。**这些含有乳酸菌的饮品，都可以帮助肠胃消化，调节肠道细菌组成，让我们的肠道健健康康。

乳酸菌有很多种，常见的是乳酸杆菌、链球菌、念珠菌等。从名字来看，就知道它们大致的长相是杆状或圆圆的球状。

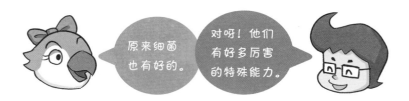

原来细菌也有好的。

对呀！他们有好多厉害的特殊能力。

我们的肠道里住了很多不同的细菌，如果我们常吃不新鲜的食物，食物上面的坏细菌就可能停留在肠道里，还会释放毒素，让我们的肠道不舒服，甚至肚子痛、拉肚子，大便也会臭臭的。所以我们可以**多吃一点乳酸菌，让乳酸菌在肠道里对抗这些坏细菌**。

这些乳酸菌有多厉害呢？除了可以跟坏细菌抢地盘，不让坏细菌停在我们的肠道里，还会跟这些坏细菌竞争食物，让坏细菌没有东西吃。此外，**乳酸菌会分泌很多抗菌物质**，让坏细菌浑身不自在而不再作怪。这样一来，我们的肠道就可以健健康康的了。而且，有的乳酸菌会和人体互相作用，**调节我们的免疫功能**，减缓身体对环境的过敏反应。

有些兽医会建议给肠胃生病的动物吃一点乳酸菌！

那么厉害！我也想让乳酸菌住在我的肚子里！

乳酸菌是从哪里来的？这个问题的答案，就藏在乳酸菌喜欢居住的环境中。乳酸菌是很挑食的细菌，除了维持能量的糖类外，也需要各式各样的氨基酸、维生素等来帮助生长。

跟人类不同的是，在自然界中，**乳酸菌喜欢在没有氧气的环境下生存**，像是动植物的分泌物（如乳汁、树液），或森林树丛下的枯叶堆积处等，都是乳酸菌生长的天堂。因此，在动物的消化道、粪便中，植物残骸，水果损伤的地方，都可以看见乳酸菌的踪迹。

分离后，把它们放到干净的地方培养，就会有干净的后代啦！

但是……在便便里的乳酸菌不会臭吗？

　　利用乳糖或其他糖类等，就可以在干净的地方培养乳酸菌，它们繁殖的下一代便可以用于食品中，像标识含有活菌的乳酸饮料或酸奶等。

　　也因为酸奶中的菌是"活的"，我们在家里也可以用一点酸奶和牛奶，搭配电锅，来大量繁殖乳酸菌，制作健康的酸奶来喝。

11

# 曲菌发酵

## 为什么酱油有鲜味

家里用的酱油，是怎么做出来的呢？

在做饭过程中，酱油是重要的调味料，你有没有想过，酱油到底是不是"油"呢？吃起来好像不是。那么酱油到底是怎么做出来的？

**酱油的原料是大豆**，大豆也是豆浆的原料，但是为什么酱油的味道不像豆浆呢？事实上，酱油可是经过多道工序制作加工而成的调味料，是亚洲特有的味道。

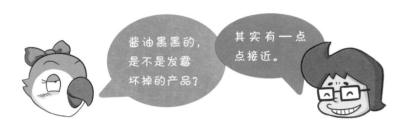

酱油黑黑的，是不是发霉坏掉的产品？

其实有一点点接近。

正确来说，酱油是由**曲霉菌**代谢转换大豆而生的产品。这种曲霉菌，就是**米曲霉，又名米曲霉菌**，和一般常见的霉菌一样，都属于真菌。曲霉菌在日本有"国菌"的称号，因为日本有很多食物都是由曲霉菌制作而成的，包括酱油、味噌、酒等。

**通过曲霉菌转换大豆的过程，被称为发酵。**简单来说，发酵就是曲霉菌"吃"了大豆，分解大豆里面的蛋白质，产生氨基酸，正是这些氨基酸形成了食物的鲜味，成为酱油独特的味道。

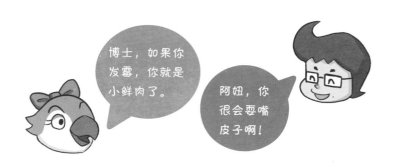

博士，如果你发霉，你就是小鲜肉了。

阿妞，你很会耍嘴皮子啊！

"鲜味"是怎样的味道呢？鲜味其实是在最近几年才被科学家定义的，它和甜味、酸味、苦味、咸味并列五味之一，都能由特定的感觉神经来传递。鲜味的发现者是日本科学家池田菊苗教授。日文或英文都称"鲜味"为"umami"，它在日文里的意思，就是指美味可口的味道。

像曲霉菌这样的微生物，可以产生各种分解蛋白质的"酵素工人"，而酱油，就是利用这些菌体分泌出来的酵素作用后所产生的液体。换句话说，如果是不同的曲霉菌，就可能产生不同的风味。这样酿造出来的酱油，被称为**纯酿造酱油**，也就是**由生物转换所产生的酱油**。

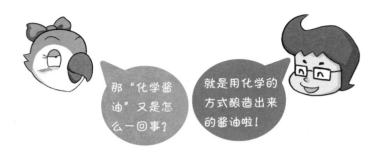

那"化学酱油"又是怎么一回事？

就是用化学的方式酿造出来的酱油啦！

　　通过曲霉菌生产酱油，需要一段时间让曲霉菌生长和反应。为了节省时间，于是就有了化学酱油。酱油工厂利用盐酸分解大豆中的蛋白，再添加一些氨基酸调整味道，只要短短一个星期就可以酿造出酱油，以这种方式酿造出来的酱油被称为化学酱油。这种方法在食品制作上是合乎规定的，不过就是不可以宣称自家酱油是天然酿造而成的。

　　酿造酱油除了利用大豆当原料外，也会利用新鲜的鱼或虾，让特定的微生物发酵产生鲜味液体。这在东南亚很常见，如被称为鱼露或虾酱的调味料，它们产生的原理和酱油是一样的。

# 食品生物技术
## 我们要吃得开心又健康

地球上的人越来越多，
环境受到严峻的考验。
大家要如何才能吃得健康又开心呢？

　　随着科技发展，我们对食物的要求，也慢慢变得有点不一样。从以前能吃饱饭就行，转变成现在要吃得健康、吃得有营养，更要好吃。要让"吃"变得有趣，需要引进新的科技到食品科学领域中。

对于许多人来说，夏天吃冰激凌是开心的事情之一。仔细观察便利商店里琳琅满目的冰激凌，就可以看到里面有各种不同的技术。香醇浓郁的冰激凌中含有一些小碎冰晶，吃起来更爽口，更不觉得腻。这便是食品科技为饮食带来的乐趣。

博士，你讲了那么多，不觉得要喝一杯吗？

那给我一杯不含酒精的啤酒吧！

**生物科技在食品科学里，发挥着很大的作用**，例如电视上常见的健康食品广告。什么是"健康食品"？它必须符合一定的规定与获得相关认证，才可以称为健康食品。健康食品的用途，就是可以改善人体某些不健康的状态。

例如改善肠胃，让我们每天都能正常地排泄；或是不让我们的血液油油的（降低血脂），降低胆固醇；或是增强我们的免疫力。

这些健康食品可能就是通过生物科技的方式创造出来的，让你只需吃一颗小药丸，就能获得身体保健的效果。**我们可以从可食用的植物中提取特定的有效成分来制作保健食品，或是利用安全的细菌，产生特殊的代谢物质来促进健康。**甚至利用生物基因工程来创造新的食物，比如黄金大米，就是用转基因技术，将 β - 胡萝卜素转入稻米中，改善贫困地区人民的营养状况。

阿妞！那是你爱吃的吧！

想不到烤香肠有这么多学问。

现在也有很多新的食品问世，例如"用植物做的肉"，你一定认为这是吃素的人才会吃的素肉，其实两者口感差很多。实际上，这是食品公司为了减少二氧化碳排放而想到的解决方法。养牛会造成很大的二氧化碳排放量，成为地球温室效应的成因之一，加上"牛吃草，再转换成肉"效率其实偏低。此外，素食主义者或是因宗教信仰不吃荤的人也不在少数。

于是这些食品公司想到，如果直接把植物变成肉，是不是可以一次性解决这两个问题，还可以提高经济效益？所以他们就对豌豆、马铃薯等材料（跟肉一样，富含蛋白质）进行加工，通过多道工序，让豌豆具备肉的口感，之后再用甜菜的色素，让其颜色跟真的肉一样，"植物肉"就这样问世了！

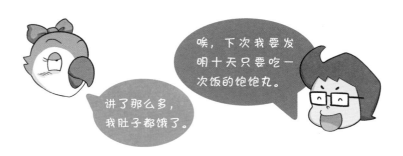

讲了那么多，我肚子都饿了。

唉，下次我要发明十天只要吃一次饭的饱饱丸。

人类很多疾病都是**环境因素**造成的，吃是很重要的一环。**将生物科技用在食品科学领域，不仅让我们可以吃得开心，更重要的是吃得健康。**通过食品改善贫困地区人民的健康问题、地球的环境问题，让我们远离疾病，这些都是食品科技的新议题。

第 3 章
生物医学

# 13

# 疫苗
## 抵抗病毒的霹雳小组

为什么还没生病，就要先打针？

　　人的身体，就像是一座城堡，这座城堡里有许多"军团"和"警察"来维持城堡的安全。这些军团和警察，就是我们的**免疫系统**。当外来微生物、病毒大军入侵时，身体里面的免疫军团，比如**白细胞大军**，就会攻击这些微生物、细菌、病毒等。

　　但是这些免疫大军，需要通过训练，才可以有效地对付外来的敌人。因此，当身体遇到新敌人的时候，首先要适应，比方说看看新敌人的长相及装备，接着选择适当称手的武器，然后再针对这些新敌人进行反攻。

我们生病的时候，就是免疫大军在"认识"和"训练"的阶段吗？

没错！所以我们要赶快休息，让身体里的免疫大军可以调整好状态。

　　当新敌人入侵时，如果身体里没有厉害的军团去对付，就必须靠普通的警察来对抗。若外来的敌人太强大，身体就会被破坏，病情加重，有时候甚至会有致命的危险。

因此，**最好能让免疫大军事先知道新敌人的长相和装备**，提早训练出一个"霹雳小组"。这么一来，当身体真的受到新敌人入侵的时候，就可以派出"霹雳小组"来抵抗和防卫，防止新敌人有足够的时间破坏身体。

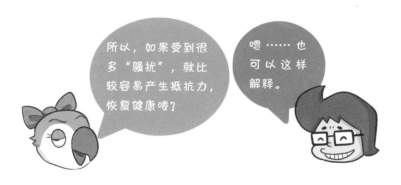

所以，如果受到很多"骚扰"，就比较容易产生抵抗力，恢复健康喽？

嗯……也可以这样解释。

而如何让身体认识这些新敌人，就是疫苗的原理了！一般来说，如果把"活着"的细菌或病毒放入人体，这些"活着"的细菌或病毒就有可能造成身体的疾病。因此，科学家便想到，如果让细菌"死去"，或是让身体的免疫大军认识细菌和病毒不具危险性的"一部分物质"，这样就可以达到训练的效果了！

换句话说，疫苗里面的成分，有可能就是细菌和病毒的"尸体"。2013 年 5 月，当禽流感病毒肆虐的时候，卫生部门与相关的研究单位就利用 H7N9 病毒，研制出了疫苗，以抵抗禽流感病毒。

　　研制禽流感病毒疫苗，目前最常见的方法就是将病毒打入鸡蛋里，利用鸡蛋培养病毒，之后再把鸡蛋里的病毒杀死，病毒尸体就可以拿来制备疫苗啦！

是呀，一旦要制备疫苗，可是要生产很多鸡蛋呢！

难怪上次隔壁的母鸡阿姨接到通知，让她多下鸡蛋。

# 14

# 拓扑异构酶
## 造成自闭症的神秘客

自闭症的致病原因是什么？

　　细胞内藏着一本遗传基因密码书，这本重要的密码书是一页一页相连接的，打开来看，就像一条长长的链条。每当细胞要进行繁殖时，就会把这本密码书打开，由"蛋白质工人"一笔一画地抄写成两本。不过，由于密码书平常是被折叠包装好的，当细胞要繁殖时，就会遇到很大的麻烦。

因为，这些长长的链条，是双螺旋结构，这个双螺旋结构相当长，可能会跟电话线一样缠绕在一起。这时候，负责抄写的"蛋白质工人"就会很伤脑筋，这些打结的密码书若不解开来，便完全无法抄写。

这还不简单，用剪刀剪一剪，"结"就不见啦！

哈哈哈，阿妞变聪明啦！

幸好，有一个解决这个重要问题的方法。生化科学家王倬发现了一个专门解开"缠绕的死结"的厉害"工人"，它的名字就叫**拓扑异构酶**。

看到"拓扑"，大家一定会觉得莫名其妙，其实它是从数学领域引用过来的。简单来说，拓扑学就是研究数学中连续现象的学科。用这个词来描述 DNA 交错的形态，就知道 DNA 有多复杂了。而"异构酶"则是细胞中一种酶的分类。

拓扑异构酶这个"蛋白质工人"，可以说是细胞中的"超级剪刀手"，**当 DNA 准备复制时，它就会解开里面的死结——剪开双股 DNA 的其中一股，以便 DNA 松开来自由翻转。**如果是两条双股的 DNA 交错在一起，拓扑异构酶也可以剪开其中一条，让另一条双股 DNA 通过后再缝合。

这个"工人"好厉害！每次耳机线、电线打结，我都要弄半天。

是啊！如果 DNA 密码书也这样打结，细胞就没办法繁殖了！

说到这个，就不得不提癌症。癌症是人类面临的重大疾病之一，因为癌细胞会很快地一分为二、二分为四地繁殖，所以，人们就想到一个治疗的方法，就是利用药物，让癌细胞里的拓扑异构酶失去作用。你可以想象到这样一来会发生什么事吧！癌细胞里基因密码书的"死结"解不开，癌细胞就会走向死亡，无法繁殖，慢慢死掉！

原来大脑神经系统这么麻烦，我以为可以靠念力改变，让我可以像儿童般天真烂漫。

哈哈，这不是麻烦，这是严谨和精密的控制，只要部分出错，就会产生疾病呢！

2013 年，美国北卡罗来纳州立大学跟台湾大学的研究团队，在一次偶然的药物测试下发现，把阻碍拓扑异构酶功能的药物，放入小老鼠体内，竟然让小老鼠的神经细胞出现了后遗症，这个后遗症，就类似人类的**自闭症**。因为这个偶然发现，原本一直找不到病因的自闭症，终于找到可能的致病原因——自闭症儿童身体里的拓扑异构酶，在出生时出了点问题。

自闭症又称孤独症，是一种神经系统的疾病，患者不能进行正常的语言表达和社交活动。

如果将来针对这些病患的拓扑异构酶研制药物，让这个"蛋白质工人"可以重新正确地帮忙解开 DNA 死结，也许就可以治疗自闭症了。

# 15

# 合成生物
## 制作抗癌药物的好帮手

要如何通过合成生物制作抗癌药物呢？

一间化学工厂要经过很多步骤，才能制作出最后的产品。同样地，一些中药所使用的植物药材，也需要经过繁复的生化代谢，才可以产出具备药效的化学物质。

其中一种叫作**紫杉醇**的化学物质，被当作**抗癌药物**，借由控制细胞内的骨架 ( 好比房子内的栋梁 ) 的形成，来阻止细胞运动或分裂。**癌细胞若不能再分裂，就会走向死亡**。所以，近年来紫杉醇成为很重要的抗癌药物。

紫杉醇那么厉害，如果大量制造，一定可以拯救很多病人。

对啊！但是紫杉醇并不容易取得。

紫杉醇这种化学物质是从哪里来的？化学家最早是从太平洋红豆杉的树皮中分离出这种物质的。那么，既然紫杉醇是化学物质，理论上可以用化学合成的方式取得，但是紫杉醇的结构太复杂了，即使世界上有许多化学家想尽办法，也都**无法成功合成紫杉醇**。

因此，要取得紫杉醇，就需要大量太平洋红豆杉的树皮，这对这种植物来说是一场浩劫，而且生产效率又很低。后来就有人想到，有没有可能通过**合成生物**来制作紫杉醇？这样就可以不用取树皮了。

目前的合成生物是以**微生物**为主，因为科学家能够很容易地修改它的生命密码书。包含人类细胞在内，**许多酵素都是由蛋白质构成的**。酵素是帮助化学反应的机器，就像妈妈用木瓜酵素切断肉里面的蛋白质纤维，让肉变嫩那样。

合成生物那么厉害！

对啊，其实是要靠放进合成生物中的蛋白质"酵素工人"帮忙哦。

复杂的化学反应，更需要多种酵素同心协力才能完成。聪明的你或许已经想到，既然树皮里可以产生紫杉醇，这也就代表树皮里有特定的"酵素工人"，它们一步一步接力制造出了紫杉醇。那么，如果科学家把这些酵素的密码书蓝图全放到细菌里，让细菌去产生这些特殊的"酵素工人"，就可以合成紫杉醇啦！如此一来，就像利用天然的酵素进行合成一样，就不再需要那么多树皮，也可以大量制造紫杉醇了。

110

# 16

# 免疫疗法
## 训练白细胞对抗癌症

对抗癌症，除了吃药或开刀，
还有什么方法？

2014 年，美国国家卫生研究院的癌症中心团队，研发出一种治疗癌症（癌症是所有恶性肿瘤的统称）的新疗法，并且在顶尖学术期刊《科学》上发表。

癌细胞是如何产生的呢？当身体出现状况而产生

肿瘤细胞时，肿瘤细胞利用身体内的资源不断繁殖，最后形成一个巨大的肿瘤组织。这些肿瘤细胞可能会离开原本的器官，例如从肾脏跑到肺脏，这被称为**转移**。这种**会转移的细胞**，就是令人闻之色变的恶性肿瘤细胞——癌细胞！

**癌细胞相当顽强，最主要的原因是，它是由正常的细胞变异而来的**，往往跟正常的细胞具有类似的"脸孔"，因此可以躲过身体里的免疫大军。癌细胞如果在身体里到处寻找适合的地方生长、繁殖，病人的情况就会越来越糟。

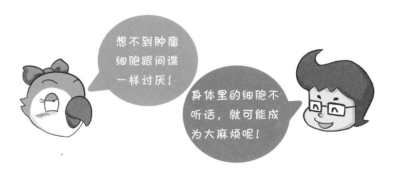

治疗癌症的方法有很多，比方说可以利用一些化学药物**阻碍癌细胞的快速分裂**。细胞在分裂过程中，

需要细胞骨架帮忙，有了细胞骨架，才可以改变细胞的形状，比如从一个圆球细胞慢慢变成哑铃状，再分开变成两个球。

而化学药物紫杉醇，可以阻碍细胞骨架的形状变化，让那些想要快速分裂的细胞不能再分裂，就能达到抑制癌细胞生长、繁殖的目的。

但是，肿瘤组织中，存有各式各样不同时期与状态的癌细胞，也就是说癌细胞就像"恶魔军团"，里面有来自各方的高手。因此，并不是所有的细胞都会快速分裂，有些"武艺高强"的癌细胞，甚至可以躲过化疗药物的攻击，导致部分癌症再复发。

正因为如此，许多科学家团队都希望找到一个好方法来对付癌症。这个找到的新的癌症疗法，就是直接揪出身体内的"反叛分子"。

这些团队先从癌症患者体内，分离出免疫细胞，同时分离出癌细胞。接着，**让"警察（免疫细胞）"可以在培养皿里面好好认识"反叛分子（癌细胞）"。**经过在体外的面对面的彻底认识以后，这些免疫细胞就可以认出谁是癌细胞。最后，再把这些"受训后"的免疫细胞，送回患者身体里面。

这样一来，这些免疫细胞就可以巡逻、找出患者身体内的"反叛分子"。这样的方式，可以让患者身体内的"警察"系统，有能力辨识、杀死癌细胞。这个方法，也被期待成为一个治疗癌症的有效方法！

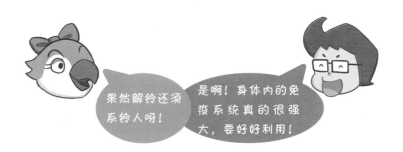

果然解铃还须系铃人呀！

是啊！身体内的免疫系统真的很强大，要好好利用！

# T 细胞
## 变身！抓住癌细胞

**为什么 T 细胞这么重要？**

　　癌症的形成，可能是细胞与环境接触后，累积许多来自环境的攻击，让密码书产生突变，造成正常的细胞癌化。而这些**癌细胞因为本来就是从身体内的正常细胞变化而来的**，就有很多机会可以躲过免疫细胞的巡逻。

因此科学家就想，要是可以让免疫细胞揪出癌细胞，或许人就不会得癌症了。

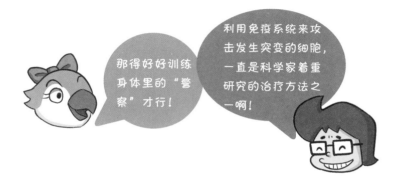

那得好好训练身体里的"警察"才行！

利用免疫系统来攻击发生突变的细胞，一直是科学家着重研究的治疗方法之一啊！

2014年，由尹衍梁博士捐赠成立、有东方诺贝尔奖之称的"唐奖"，颁发给了两位利用免疫系统来治疗癌症的科学家：美国得克萨斯大学安德森癌症中心免疫系主任詹姆斯·艾利森博士及日本京都大学大学院医学研究科免疫基因体医学讲座客座教授本庶佑博士。

詹姆斯·艾利森博士的研究，是针对免疫细胞中的 T 细胞。在免疫系统中，当其他身体细胞**提供给 T**

细胞此处有"坏人（细胞突变）"的证据，也就是抗原呈现时，T 细胞就会变身为"超人"活化起来，以对抗突变细胞。

　　但是，身体里有些机制会通过 T 细胞表面的 CTLA-4 分子来调整这种活化现象，导致 T 细胞不容易抓到癌细胞。詹姆斯·艾利森博士研究发现，可以将一种抗体与 CTLA-4 结合，用以**阻断 T 细胞被 CTLA-4 压抑的信号**。这么一来，T 细胞就可以顺利变身为"超人"啦。

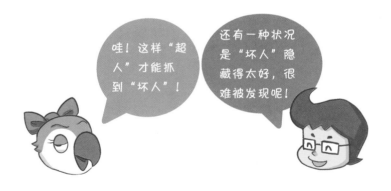

哇！这样"超人"才能抓到"坏人"！

还有一种状况是"坏人"隐藏得太好，很难被发现呢！

　　日本的本庶佑博士，则是发现了 T 细胞表面有个叫 PD-1 的分子，这个分子会被癌细胞上面的 PD-L1

的分子辨识出来，癌细胞靠此蒙混过关，好比"警察"被"坏人"盖住了眼睛，如此一来，"超人"将无法看到癌细胞。这也会抑制 T 细胞变身的能力。换句话说，PD-L1 是癌细胞伪装成正常细胞的一种方法。因此，最好是**用抗体把 PD-1 遮起来**，好让 T 细胞能顺利找到目标。

通过这两位科学家的研究，免疫疗法就能实际运用在癌症的治疗上。

# 纳米粒子
## 击败肿瘤的秘密武器

如何把药物精准地投放到肿瘤上？

　　药和毒可以说是一体两面，某些药物更是如此，例如可以毒杀癌细胞的抗癌药物。**抗癌药物往往针对的是癌细胞快速分裂的特性**，但是，毛囊细胞也是属于快速分裂增生的细胞，因此容易不小心被抗癌药物杀死，造成癌症治疗时掉发的副作用。

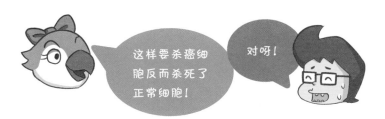

　　为了把药物送到身体内的特定区域，有一群科学家正在研发精准的药物输送方式。比较常听到的就是"纳米粒子"。纳米是长度的度量单位，约 0.000000001 米，是 10 的负 9 次方米。纳米粒子的直径，就是以纳米长度来计算的。比方说 100 纳米的纳米粒子，就非常非常小！

这些纳米粒子，里面包裹着药物，然后再随着血液在血管里面流动，多用于癌症治疗。之所以可以这样操作，是因为癌细胞在身体里面会越长越大，也需要血液提供养分给它，于是会分泌吸引长血管的特殊因子，刺激血管往肿瘤的地方延伸。然而，这样的血管其实很松散，会有很多缝隙。当血液中有这些纳米粒子时，它们便容易从这些疏松、有破洞的血管壁中离开，并到达肿瘤部位。当然，也因为够小，这些纳米粒子会被癌细胞吞吃进去。

　　当这个载送药物的小"太空艇"进入癌细胞后，随即会启动"自爆"的功能，让自己的外壳脱落，释放出内部的抗癌药物，杀死癌细胞。

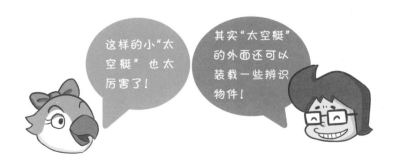

这样的小"太空艇"也太厉害了！

其实"太空艇"的外面还可以装载一些辨识物件！

为了增加"太空艇"正确飞到癌细胞的概率，很多科学家把一些抗体或是身体营养素装载在"太空艇"上。**抗体可以辨识癌细胞表面的特殊区域，然后专一性地结合。身体营养素则是利用癌细胞喜欢吃的东西**，例如把叶酸装在"太空艇"表面，癌细胞就会努力去吞吃。用这些特殊加工的方式，让"太空艇"能更正确地辨识癌细胞，提高对抗癌细胞的效果。

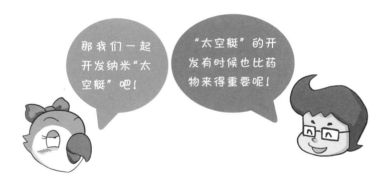

那我们一起开发纳米"太空艇"吧！

"太空艇"的开发有时候也比药物来得重要呢！

**19**

# 新冠肺炎
## 全球大感染的恐怖病毒

造成大量人员感染的病毒，
究竟是什么呢？

　　2019 年，严重特殊传染型新型冠状病毒肺炎（COVID-19）开始肆虐，截至目前，感染的人超过数千万，超过百万人丧生。致病的主因来自一种"冠状病毒"，类似过去在中国肆虐的 SARS 病毒。

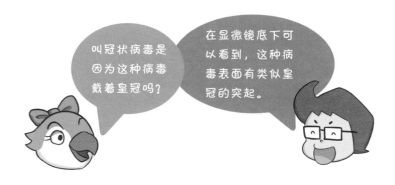

叫冠状病毒是因为这种病毒戴着皇冠吗？

在显微镜底下可以看到，这种病毒表面有类似皇冠的突起。

　　**冠状病毒披着一件"外套"，是属于 RAN 类型的病毒。**它和以前影响巨大的 SARS 病毒非常类似，但不是由 SARS 病毒演化而来。当病毒和人类接触的时候，需要一个可以让病毒辨识的地方，它才能乘虚而入。

　　通常这些被辨识的地方，往往都是**细胞膜表面上特殊的蛋白质。**以这次的 COVID-19 病毒来说，它需要先看到细胞膜表面上，有种名为 ACE2 的蛋白质，接着病毒的触手，就会紧紧抓住这种 ACE2 蛋白质，然后顺势钻到细胞里面去。

　　但人类不是每个细胞都有 ACE2 蛋白质。目前研究发现，**肺部、心脏、肾脏**等多个主要器官的细胞会有这样的蛋白质，所以也成为病毒主要侵入感染的器官。

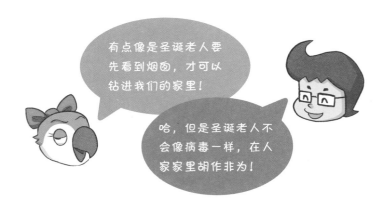

有点像是圣诞老人要先看到烟囱，才可以钻进我们的家里！

哈，但是圣诞老人不会像病毒一样，在人家家里胡作非为！

病毒进入人体后，病人的免疫系统会侦测到病毒入侵，引发许多炎症反应。过去的 SARS 病毒，就曾引起病人身体内的免疫大军激烈的反攻，但这反而会让病人的身体承受不住。而这次的 COVID-19 病毒，也会引起发烧、咳嗽、疲倦等身体反应，甚至有些人会有嗅觉或是味觉丧失的症状。

研究发现，如果是有慢性病的人，一旦被感染，往往会导致重症反应，引发呼吸困难，器官失去功能，甚至死亡。

然而，目前对于 COVID-19 的致病原因，仍然有很多不清楚的地方。人类往往缺乏好的工具来治疗病毒感染。如果是细菌，我们可以用抗生素，但若是**病毒，我们就必须仰赖我们自己的身体来对抗**。很多药物都只是减轻不舒服的症状，例如病毒引起的感冒，吃药多半是减缓我们流鼻涕、发烧的症状，但不是直接杀死病毒。感染 COVID-19 病毒的病人也是如此，我们目前只能用所谓的"支持性疗法"来帮助病人，也就是减缓病人的症状，让病人可以顺畅呼吸、降低体温等，让病人自己的身体慢慢与病毒做斗争！

虽然现在医学技术进步飞快，但是对抗疾病，人类仍然在许多地方束手无策。因此，提高自身免疫力，**避免疾病发生，才是身体健康的最大关键**。这次COVID-19病毒来袭，大家都要勤洗手、戴口罩，保持良好的卫生习惯呀！

# 病毒检测

## 找出躲藏的邪恶大军

躲藏在身体里的病毒，要怎么找出来呢？

在第 5 节《基因重组》一文中，我们说到，当病毒想要跑到人类或是宿主的细胞里躲起来的时候，它会把它的DNA密码书，偷偷安插在人类身体的细胞内。

而当病毒开始活跃、想要离开细胞的时候，它会控制人类或是宿主细胞里的各种工具、原料与细胞自身。换句话说，就是**它会统治你的细胞**，让细胞乖乖听话，帮其制造新的病毒，包含病毒的密码书以及病毒密码书外面的蛋白质做的保护壳。

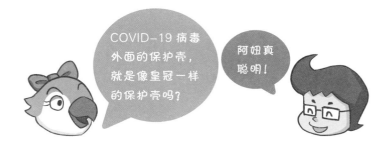

COVID-19 病毒外面的保护壳，就是像皇冠一样的保护壳吗？

阿妞真聪明！

所以，科学家要是想知道，我们的细胞里到底有没有这种病毒、我们是不是被感染了，就得从这两个线索着手：看看**是不是有病毒的密码书**，以及**有没有蛋白质保护壳**。

不过，要怎么看有没有病毒的密码书呢？这个用眼睛看，还真的看不到！就像是从外太空看地球上的一辆黄色出租车一样困难。这时候，就需要依靠一种诺贝尔奖等级的技术：**聚合酶链式反应，简称**

PCR。这是 1983 年，美国化学家凯利·穆利斯博士在开车时想到的技术。这个技术利用一种叫作 DNA 聚合酶的"蛋白质工人"，将密码书不断重复抄写，直到累积的数量能让人们看到。好比把一辆出租车变成好几亿辆，就能从外太空看见了。

这个技术是利用两条被设计过、名为"引子"的短 DNA 标签，来辨识病毒的密码书。一旦辨识到了，DNA 聚合酶便会根据病毒的密码书内容复制抄写。新抄出来的密码书，又会被引子标示上去，再引导 DNA 聚合酶做下一轮的抄写，因此会一轮一轮地放大数量。这样我们就可以用机器去判断是不是有病毒的密码书存在。

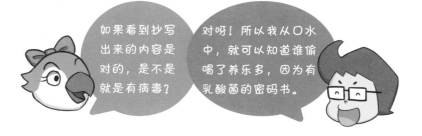

如果看到抄写出来的内容是对的，是不是就是有病毒？

对呀！所以我从口水中，就可以知道谁偷喝了养乐多，因为有乳酸菌的密码书。

PCR 反应虽然精准，但是需要 3 ~ 4 个小时才能知道结果。这时候就有人想到，也许有东西可以抓到病毒外面的蛋白质保护壳，这就需要所谓的抗体来帮忙。

我们身体里面有免疫细胞大军来帮我们抵抗外来的细菌病毒。其中，**免疫 B 细胞可以产生抗体**，像精准的导弹一样，直接辨识细菌或是有病毒特征的蛋白质。被抗体辨识并抓到后，免疫细胞大军就会被吸引过来，清除这些入侵的细菌和病毒。

那我们是不是要赶快让抗体来精准辨识病毒的外壳蛋白质。

快筛系统就是建立在抗体的技术上。

制作辨识 COVID-19 蛋白质外壳的抗体的方式有很多种。传统上，我们可以搜集这样的蛋白质外壳，请小老鼠或是兔子的免疫大军帮我们制作。但是现在，也可以用计算机运算，搭配噬菌体展示技术来帮忙生产，让我们可以快速地得到这样的抗体，并在对抗病毒的紧急时间内，发展出快筛系统。

看我们身体内有没有抗体，就可以知道我们有没有被感染过某种病毒吗？

因为有些人自己的免疫系统就可以产生抗体，那样他们体内可能就找不到病毒了（像是被杀光了），因此就用抗体来判断他们是否被感染过。

目前大家还是希望从过去的经验中找到有效的药物，有机会阻止病毒控制细胞的能力，进而阻断它们对人类身体的伤害。

另外，最有效的，就是研制出疫苗。简单来说，就是将病毒的尸体样本（还保留蛋白质保护壳，但是没有感染能力）注入人体，刺激免疫系统产生抗体，用来预防下次感染。这是目前全世界科学家正在研究的最大的课题！

我打疫苗后，就不会感染了吗？

但病毒真的很狡猾，很容易变异，好的疫苗也很难永久有效啊！

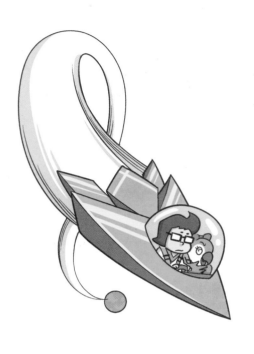

21

# DNA 折纸术
## 千变万化的超迷你积木

DNA 那么小，我们可以拿来做什么？

    DNA 是身体的密码书，这本密码书是由四种简单的化学物质构成的，它们分别是 A、T、G、C。这四种化学物质，会靠着吸引力两两相吸，A 和 T 配对，G 和 C 配对。如果把它们串成一条，如

AAAAACCCCC，便会跟 TTTTTGGGGG 两条黏在一起，像拉链一般互相吸引。

那 AAAAAAA TTTTTTT一条是不是就会折起来？

如果够长的话，就真的像发夹一样靠着 AT 配对吸引力折起来呢！

一些材料科学家就利用这种配对关系，让DNA这样的化学物质，可以跟纸一样，有千变万化种折法。这个技术就叫作 DNA 折纸术（DNA Origami），"Origami"在日文中就是折纸的意思。这种折纸方式，也可以先通过计算机软件预测结果。

2009 年，有科学家使用计算机运算的方式，将DNA 组装成纳米级的扭转与弯曲的形状。这项技术是把 DNA 折成类似乐高的小积木，靠着小积木间的吸引力，它们就会自动组装成大型的构造。通过适当的计算和排列组合，科学家可以创造出各式各样的纳米等级的形状，例如齿轮状或是三角形。

就跟你折纸鹤一样呀！

想不到折来折去也有这么多变化！

　　这样的特殊形状，便是**纳米机器人**的雏形，例如可以折成很小的胶囊，用来包裹药物，当成传输药物的纳米粒子。最近，也有科学家把这样的折纸技术用在癌症研究上面，他们将类似海绵材质的片状小积木，放入癌细胞中，这些纳米级的小积木，可以在细胞里面组装成大型的片状物质，抑制癌细胞转移。

　　同样在 2009 年，美国 IBM 公司也利用 DNA 折纸术创造了 DNA 芯片。他们把设计好的 DNA 置入设计过的传统电路板上面，这些 DNA 就会自动开始组装成三角、四角等形状。因为 DNA 可以携带大量的信息资料，所以它可以被应用在电脑芯片上面，成为一种很棒的计算机芯片材料。

2015 年，Hi 博士指导的学生团队，也创造出了一种纳米针筒，可以把遗传物质注射到细菌里。

只要发挥创意，这样的折纸技术便可以应用在我们的生活中，甚至应用在我们自己的身上。

希望哪天可以折一艘小小的宇宙飞船穿梭在身体里面，用来检查身体的健康状况。

这样人类就很有福气啦！

# 22

# 复制动物

## 尚在修炼的分身术

如何才能复制动物？

除非你是同卵双胞胎，不然很难在世界上找到跟你长得一模一样的人。

同卵双胞胎形成的原因，是在妈妈怀孕最早的时间点里，本来一颗受精卵要发育成一个胎儿，但因为某些因素，受精卵不小心变成了两个细胞团，最后发育成了两个宝宝。因为这两个个体的 DNA 密码书都来自**同一个细胞**，因此，**同卵双胞胎会长得一模一样，连性别也一样。**

　　而**异卵双胞胎，从一开始就是两个不同的受精卵**，各自有各自的 DNA 密码书，只是不小心同时出现。这种情况下出生的宝宝，跟一般兄弟姐妹一样，长相会有些许不同，包括性别也可能不同。

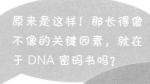

原来是这样！那长得像不像的关键因素，就在于 DNA 密码书吗？

对呀！在第 1 节中，我们介绍了 DNA 密码书，你要牢牢记住啦！

　　只要有相同的密码书，发育而来的生物体就会长得极为相似。这些密码书被收藏在细胞内的**细胞核**中。

然而，仅有 DNA 蓝图，没有"原料"，也没有解读密码的"工人"，并没有办法发育成生物。而解读 DNA 密码的"工人"，和细胞运行需要的"原料"，存在于**细胞质**中。

如果把阿妞的细胞核，放到其他跟阿妞一样品种的和尚鹦鹉的细胞里，并不能复制出阿妞，因为这时候有两个细胞核，细胞会弄不清楚到底要依据哪幅生命蓝图来工作。

1960 年，科学家约翰·伯特兰·格登（2012 年的诺贝尔奖得主），创造出了**第一只克隆动物——非洲**

**爪蟾**。格登先把一个细胞的细胞核拿掉，让这个细胞只有解密的"工人"和细胞运行所需的"原料"，再把想复制的爪蟾细胞核放进去，让原本解密的"工人"和"物质"依据这个细胞核的 DNA 密码书工作，最后该细胞发育长大，成为第一只克隆动物。1996 年，科学家在英国也培育出了第一只大型克隆动物，也就是有着可爱名字的绵羊多莉。

不过，克隆动物的技术还有很多难题要攻克，也仍有许多科学家不了解的困境。像是绵羊多莉，它只活了六岁，而且很早就出现了老化现象，寿命比一般绵羊短很多，可见复制技术还不是很成熟。

克隆动物的技术，如果用在畜产界，可以将肉质良好的牛、猪重复培育出来，类似工厂生产商品那样。目前已有许多复制动物诞生，像牛、猪、羊、狗、猫以及小老鼠。不过，除了小老鼠的成功率比较高之外，其他动物的成功率都很低。而且复制动物到底好不好，还存在很多伦理道德上的争议。

23

# 生物能源
## 不会破坏环境的新能源

在哪里可以找到环保的好能源呢？

在生活环境中，许多东西都需要能源，像是汽车、飞机、电视、计算机……从这些物品中，我们可以很直觉地感受到能源的存在。另一个比较不容易感受到的，就是化工产品，像是塑料袋、人造纤维编织而成的衣服、可爱的毛绒玩具等，这些都是使用化工材料制作出来的。然而，当我们用的物品越多，地球上的资源可能就越少。

如何取得能源，是一个很重要的课题。例如引起广泛讨论的核能电厂，或是让人叫苦连天的油价上升，从这些例子中，我们都可以看出能源问题影响着每个人的生活。

石油，可以说是现在最重要的能源。**石油是由以碳氢化合物为主要成分的各类化学分子所构成的**，通过提炼，可以获得各式各样不同的原料成分。这些碳氢化合物也是构成燃料、塑胶等相关化工产品的基本元素。有科学家认为，石油是由许许多多植物或是动物的尸体，经过上亿万年压缩和加热产生的。

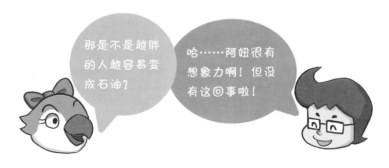

那是不是越胖的人越容易变成石油？

哈……阿妞很有想象力啊！但没有这回事啦！

其实，人类很担心哪一天把石油用完了，汽车就跑不动了。所以，世界各国的科学家正积极地寻找可以替代石油的新能源。其中备受注目的，就是**生物能源**。

目前生物能源主要分为两种，一种是**生物柴油**，另外一种是**生物乙醇**。生物柴油主要是通过回收不同油类，再利用这些回收油去制成柴油，可以将其当作燃料使用。例如，回收炒菜、炸薯条用剩的油，这些油虽然不能再用来做菜，却可以当作生物柴油的主要原料。

制作生物乙醇的技术，最主要的原理，是利用类似制作酒类的方法——**使用植物（比如玉米）里面可以被利用的碳氢化合物**，例如淀粉或糖类等，**借由酵母菌将其分解，变成燃料酒精**。

是不是跟葡萄酒一样，叫作"玉米酒"？

其实过程原理一样！

但是，使用玉米或是其他农作物来制作生物乙醇的话，会影响人们有限的粮食。因此，科学家希望找到另一种植物取代玉米，而**海藻**就成为其中一个备受期待的植物。

为什么是海藻呢？因为海藻来自海洋而不会占用土地面积，同时海藻的构造也简单，相当容易分解。更重要的是，海藻不会影响到人类的饮食。因此，将海藻当作生物乙醇的原料，具有相当多的优点。许多科学家也到处寻找，看哪一种海藻更容易繁殖与利用，希望将来海洋这个"农场"，可以成为生物能源的基地。

目前我们也在积极地发展类似的再生能源，例如，有些石油公司正在开发利用植物与微生物制作生物乙醇的技术。现在在一些特定的加油站，也可以购买到生物乙醇。虽然再生能源已经开始起步与发展，但技术上还是有很多需要攻克和解决的挑战。期待未来，我们会有更安全、更环保的能源可以使用。

那我就可以安心了。

虽然我们积极寻找新能源，但是还是要珍惜能源，节能减碳啊！

**24**

# 定制化宝宝
## 根据需求定制的服务

为什么会需要定制化宝宝？
定制的是不是更好？

在每个人的 DNA 密码书中，记载着人会长成什么样子，如身体会有多强壮、五官会有怎样的特色、身高会有多高……每一个宝宝都会依据爸爸妈妈传下来的 DNA 密码书成长。

不过，随着科技的进步，我们开始有机会修改生命的蓝图了，如运用外力，让原本长不高的人长高，或是让原本卷发的人变成直发，甚至有机会可以修改身体的遗传性疾病。只是这样的想法，因为对人类影响太大，还得再多加考量才能进行。

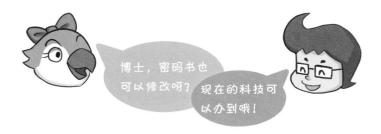

博士，密码书也可以修改呀？

现在的科技可以办到哦！

**要修改密码书，必须修改爸爸妈妈的受精卵分裂后的细胞**，才能确保细胞分裂后，密码书会按照修改内容复制与撰写。美国和日本有些科技公司能接受顾客要求，针对会产生疾病的 DNA 进行修改。

例如，爸爸是血友病患者，身体没办法产生有功能的凝血因子，科技公司就对宝宝的 DNA 蓝图进行修改，让它能产生凝血因子。这样宝宝出生后，就不会患上血友病。这样的宝宝，就被称为**定制化宝宝**。

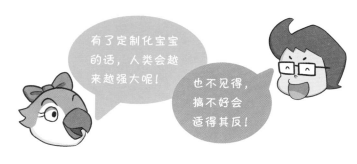

有了定制化宝宝的话，人类会越来越强大呢！

也不见得，搞不好会适得其反！

　　虽然可以通过修改 DNA 生命蓝图，去创造出想要的宝宝，让宝宝更好看、更强壮，但这是人类目前认为的"好看"与"强壮"，不见得真的能适应未来的世界。自然选择说就是一个例子。

　　生物演化的**自然选择说，指的是通过演化，会留下适应环境的生物**。比如长颈鹿，就有人认为是在演化过程中，因短脖子的"短颈鹿"吃不到叶子，慢慢被淘汰，使得活下来的都是长脖子。

　　将来，也许地球会有很大的变动，这些变动可能会替人类进行基因筛选。如果现在把大家的密码书改成"一样"或"类似"的状态，那么，当变动出现的那一天，也许就没有人可以适应新的艰难的环境了。也就是说，基因经过修改的人类，可能会面临绝种危机。

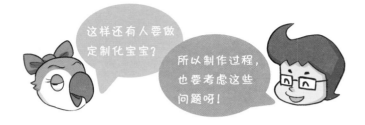

这样还有人要做定制化宝宝？

所以制作过程，也要考虑这些问题呀！

    因此，很多生物学家都在强调**生物多样性**，也就是要让生物的种类越多越好。地球上原来有上千万种植物和动物，但随着人类的开发，很多动植物都消失了。未来，可能因为某种生物的消失，使生态失去平衡，而让地球上的生物完全灭绝。

    最初人们会有"定制化宝宝"的想法，可能是想治疗先天的遗传性疾病。但若人类过度干涉，也可能导致人类这种物种的复杂度降低。想想看，电动玩具里的军团，也都要有各种不同功能的角色、职业才可以应付敌人，所以，在科技发展的同时，我们也得好好思考科技带来的负面影响才行。

# 25

# 组织工程
## 利用 3D 打印制造器官

3D 打印是不是
可以解决器官捐赠的困境呢？

　　动物是**多细胞生物，由细胞组成各式各样的器官
来帮助身体运行**。身体会利用许多"蛋白质工人"，
将细胞和细胞绑在一起，这样细胞就不容易散成一个
个的了。这种"蛋白质工人"，我们称之为细胞的粘

附分子。

　　细胞除了靠粘附分子绑在一起之外，细胞外围也围绕着一些蛋白质，像胶原蛋白、玻尿酸等，也被称为**细胞外基质**。**因为有粘附分子和细胞外基质的帮忙，细胞才能紧密地聚在一起，形成器官。**

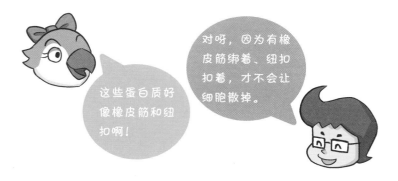

这些蛋白质好像橡皮筋和纽扣啊！

对呀，因为有橡皮筋绑着、纽扣扣着，才不会让细胞散掉。

　　如果你喝过猪肝汤，应该看到过猪肝上的细胞纹路。正是因为有这些"橡皮筋"和"纽扣"，细胞才会有规则地排列。规则排列，可以让细胞知道上下左右，知道该面对哪个方向，这样它们才会发挥正确的功能。比方说猪肝里面的肝细胞，有一面朝向血液，可以吸收血液里面的营养，有一面则朝向胆管，会把胆汁分泌出去。有了正确的位置，肝细胞才能正常运作。

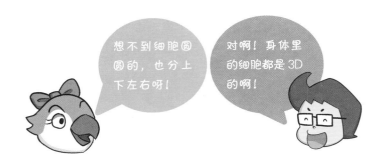

想不到细胞圆圆的，也分上下左右呀！

对啊！身体里的细胞都是3D的啊！

如果要靠人工创造器官，就必须以符合刚刚说的规则的方式来制造，才能让细胞具备正常功能，我们称这样的领域为**人体组织工程**。

想要制造一个器官，必须模拟身体里器官的样子，利用干细胞当作细胞材料，把干细胞一个一个排好，让干细胞可以牢牢地长在细胞外基质上，并用粘附分子绑住两个干细胞，让干细胞与细胞外基质形成交互作用。

我们可以把细胞外基质想成是房子的骨架，就像钢筋、栋梁，他们形成器官的形状架构，让细胞可以填充在里面。

这样好像在搭积木！

对呀，得先规划好，哪里要排上干细胞，哪里得摆上细胞外基质。

　　天然的细胞外基质，就像刚刚说的，可以是胶原蛋白等分子。但是随着科技进步，也有一些人体组织可以吸收不会对身体细胞产生毒性的**人造细胞外基质**，通常是一些聚合物分子，比如一些手术线就适用这样的成分。在缝合后，手术线会被人体吸收并消失。这样的分子就被称为**生物可降解分子**。

　　现在有很多科学家想用 3D 打印技术制造器官。3D 打印技术可以用在很多地方，只要把想要的材料一层一层喷出，就会呈现立体形状。有点像搭积木，第一层搭好后，再搭第二层，搭个数百数千层，就可以形成一个 3D 器官。

　　将 3D 概念用在人工器官上，第一层要喷上胶原蛋白，第二层要喷上肝细胞，第三层喷上血管细胞，第四层喷上一层胶原蛋白……如此一来，一个人工的器官就可能以 3D 的方式呈现，让细胞功能完善。

26

# 产氢细菌
## 让地球变得更干净

妈妈说细菌很脏，细菌都是坏东西吗？

氢气，是一种气体，密度比空气低，因此以前人们会把氢气灌在气球内，让气球飘起来（为了安全，现在的气球里面装的是氦气）。**氢气燃烧后会产生水，过程中还可以发热，产生能量。**所以，氢气也可以用来作为替代石油、瓦斯的新能源。

而且，氢气发热的效率非常高，以相同重量的氢气和汽油相比，氢气得到的能量是汽油的三倍。此外，氢气燃烧后只会产生水，是相当环保的能源。相较之下，使用石油、沼气等能源，会产生大量的二氧化碳，会间接影响地球的气候。

猪的便便可以产生沼气当能源，那氢气是从谁的便便产生的？

哈哈，目前没有便便可以产生氢气！

那么，氢气是怎么产生的呢？可以用电能将水分解，产生氢气和氧气。但是这个方式需要用到大量电能，并不是很好的方式。所以有些科学家就想到利用细菌，看看细菌是否有产生氢气的能力。

细菌有千千万万种，有的细菌生长在高温高热的环境中，有的细菌则生长在类似阳明山小油坑般的硫黄矿中。这些细菌会因生长环境来改变自己内部的消化系统，比方说不用氧气，而是用其他化学元素来帮助自身生长和运作，这样它就可以活在缺乏氧气的环境中。

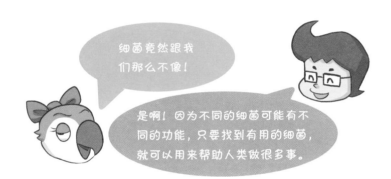

细菌竟然跟我们那么不像！

是啊！因为不同的细菌可能有不同的功能，只要找到有用的细菌，就可以用来帮助人类做很多事。

因为有些细菌可以进行光合作用或其他呼吸方式，所以科学家就去地球上各种奇奇怪怪的地方寻找特殊的细菌，果然找到了可以**产生氢气的细菌**。细菌产生氢气，主要是通过光合作用或者厌氧（不需要氧气）作用。

像蓝绿细菌，可以用光合作用产生氢气；另一种紫色不含硫的细菌则会在厌氧状态下，吃掉废水中的有机成分，产生氢气。靠着吃废水有机物就能产生氢气？这对人类来说真是好消息，因为这样一来，它们既可以帮助人类清理废水，又能产生氢气提供能源，简直是一次性帮人类同时解决了环保和能源两个大难题！

目前很多科学家都在努力想办法，看能不能提升转换效率，多繁殖一些这样的细菌，这样以后就会出现全新的干净能源啦！

174

# 固氮菌

## 让土壤和植物吃饱养分

为什么有的土壤比较肥沃，
可以种出比较茂盛的植物？

　　微生物，按照字面意思解释就是微小的生物，通常可以分成细菌、真菌、藻类或原生动物。我们常听到的细菌有大肠杆菌、农杆菌等；常听到的真菌则有酵母菌、香菇或灵芝。

微生物的作用有很多，除了会引发疾病的病原菌之外，我们身边也可能有许许多多微生物的存在。你能想象到吗？**在一克的土壤里，就住着一百亿个细菌！**这些形形色色的微生物，个个都对土壤有重要的作用，让人们可以在土壤上种菜、种花等。

难怪上次我用嘴巴拔萝卜后，被叫去洗嘴！

就跟人要洗手一样啊！不过鸟类有时候也需要这些微生物来帮助身体运作。

土壤里的微生物，到底哪里厉害？其实它们就像武侠小说中各门各派的弟子一样，本领很多！比如说，它们可以**帮助农作物吸收养分和水分**。当枯叶掉落时，这些微生物又可以将落叶分解，产生肥料。更重要的是，它们能起到**固氮作用**。

固氮作用，就是把空气中占80％的氮气给固定下来，因为被固定的氮元素，对生物来说相当重要。

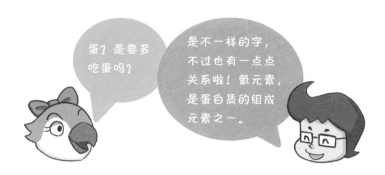

蛋？是要多吃蛋吗？

是不一样的字，不过也有一点点关系啦！氮元素，是蛋白质的组成元素之一。

在植物需要的营养成分中，除了有一般的碳元素，氮、磷、钾也是重要的元素。氮气虽然占空气的78％，植物却没办法直接把它拿来用，这时就需要土壤里的微生物帮忙。

这样的微生物，一般被称为**根瘤菌**，顾名思义，它们会在植物根部出现，然后形成一粒一粒的瘤状物。**在瘤状物中，微生物会和植物共生，植物会提供给微生物养分，微生物则会捕捉空气中的氮元素，并输送给植物使用。**在豆科植物上，就能明显地看到根瘤菌。

此外，还有一些光合细菌、蓝绿菌，也有这样的固氮功能。

目前农民虽然会使用肥料来提供植物氮元素，但偶尔也会把固氮菌施到土壤中，增加土壤的养分。

土壤中有固氮菌，那沙滩中呢？在不同的环境中，有很多不同的微生物，它们通过分泌和代谢，产生不同的有机物质或胶质，这也让沙滩的组成跟土壤有很大的差异，这都是微生物的功能。

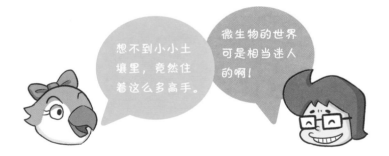

179

28

# 人造酵母菌
## 治疗遗传疾病的新希望

除了定制化宝宝，
还可以如何治疗遗传疾病？

我们在第 1 节和第 2 节中说过，每个细胞里面都有一本 DNA 密码书，记载着生命该怎样运作，细胞该如何形成一个个"小机器"，让生命可以运作。所以也有科学家想："如果懂得怎么写密码书，就可以

**创造生命啦！**"这样的想法看起来很简单，但到目前为止，人类还没办法突破。

那我要把密码书藏好，免得另外一只阿妞出现来抢我的瓜子。

哈哈，大家更想要的是不用花饲料费的阿妞吧！

　　2014 年 3 月，美国《科学》杂志发表了一个新的研究结果——第一个由人类合成的酵母菌密码书成功产生。酵母菌？听起来很熟悉吧！这是被人类拿来制作面包和酒类的菌种，在工业上也被广泛使用。虽然这项研究的对象只是微生物，却是人类科学发展的一大步！

2010 年，人类第一次成功合成了一种细菌 DNA，并且制作出第一个人工细菌，这个细菌可以繁殖增生。**酵母菌虽然也是菌，但它一共有 16 条染色体，是跟人类一样有细胞核的生物。**也就是说，它的 DNA 会被细胞里的细胞核包裹。而细菌则是没有细胞核的生物，DNA 比较简单。

　　酵母菌的长链 DNA，平时会像毛线般捆起来收好，放在细胞核里。这个捆好的 DNA，就是前面提到的染色体。

　　人类的染色体高达 46 条，也一样是捆起来收在细胞核里的，当细胞要"阅读"时，会先松开一小部分来"阅读"，再制作需要的"蛋白质工人"。说起来虽然只是短短的两三句话，但其实很复杂，制作方式也跟细菌不一样。

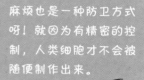

有细胞核好像很麻烦，看本密码书还要分段操作，没效率！

麻烦也是一种防卫方式呀！就因为有精密的控制，人类细胞才不会被随便制作出来。

在合成酵母菌染色体的过程中，其实科学家修改了一些自然界常用的密码，也用人工基因来取代部分基因，最后才将合成的一小条染色体放到酵母菌细胞内。不过，酵母菌要能成功生长、繁殖，这项实验才算真正成功。

将来，这项技术可以用来改造酵母菌，说不定还能用来研发药物。更让科学家期待的是，因为**酵母菌细胞和人类细胞相似度很高**，新发展的 DNA 合成技术，或许可以用来治疗人类的遗传疾病。

184

29

# 细胞转换
## 不死水母的超能力

我们有可能长生不老吗?

在《名侦探柯南》动画片中,主角柯南原本是一名高中生,但是有一次到游乐园,意外遇到了黑暗组织,被强迫吃下一颗变成小孩的药物。不知道各位有没有想过,这个世界上是否可能有这种能够让人返老还童的药物？

其实，世界上的确存在会"返老还童"的生物——**灯塔水母**。科学家发现，这种水母的生命有一个循环，就是长大以后就变回儿童，再长大，再变回儿童……

这样生生不息，不就不会老吗？

阿妞，你说对了，这种水母因此被称为"不死水母"呦！

大多数水母跟人类一样，会从幼虫的水螅体，长成成年的水母。水母配对后，生出宝宝，然后就会走向死亡，这样的方式被称为**有性生殖**。但是科学家发现，灯塔水母竟然有着另外一种延续生命的方式，就是能够"返老还童"。

为什么会这样？目前科学家还在研究，但已初步发现，灯塔水母这种能够"返老还童"的特殊形态，被称为**转分化**。简单来说，就是**细胞可以任意被转换**。

转分化是不是
一种妖术？

不是啦！它是指
细胞可以被转变。

以人类来说，我们身上的细胞，在我们出生后大部分功能都已经被决定，比方说，眼睛细胞就是眼睛细胞，不会哪一天突然变成舌头细胞。皮肤细胞不会因为晒晒太阳，就突然变成神经细胞。

然而，最近几年科学家发现，人的身体遇到一些刺激后，确实有可能改变体内细胞的功能，但是这大多是在实验进行时发生的特殊状况。科学家也发现，如果把一些在细胞内负责打开细胞功能DNA密码书的特定"蛋白质工人"，转移到别的细胞里去工作，也可能造成细胞功能的改变。

例如，有研究发现，只要将决定神经细胞关键功能的"蛋白质工人"，放到皮肤纤维细胞里，就会让皮肤纤维细胞变成神经细胞。

细胞里竟然有这样了不起的"蛋白质工人"。

这是在妈妈肚子里时，就已经确定细胞未来"命运"的关键"蛋白质工人"啊！

细胞功能的转换，牵扯到很多激烈的改变，这些改变会启动细胞修复，细胞可能从老年状态变成年轻状态，这叫**细胞再程序化**，就像计算机重新安装、更新里面的程序一样。

细胞再程序化的这种现象，跟 2012 年诺贝尔生理学或医学奖得奖的诱导性多能干细胞有同样的概念，也就是把已经被决定其功能的细胞，再程序化成干细胞。

　　同样的现象，可能就发生在不死的灯塔水母身上。当灯塔水母发生转分化时，身体细胞的功能都会改变，好比原本是神经细胞，可能会变为手足细胞。也就是说，**每个细胞都可以重新生长**。如果能掌握这个"返老还童"的关键秘密，也许某天，人类就可以把老化器官重新设定，延长寿命了！

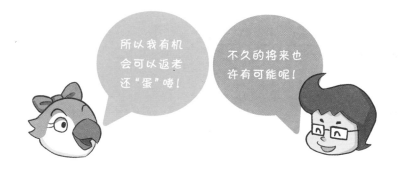

# 30

# 基因工程
## 为了一个美好的未来

未来的世界，会是什么样子呢？

生命 DNA 密码书左右生物的命运，从外观到身体各种功能，也左右不同生物间的差异。自 1953 年发现 DNA 双螺旋结构以来，随着对于分子生物学的了解，科学家也开发了许多不同的工具，这些工具让生物或细胞可以慢慢地被人类修改与利用。

1982年，以大肠杆菌生产的人胰岛素上市，预告了生物科技时代的来临。我们也开始对于如何把基因穿插在我们的密码书里，有了千万种想象。也许哪天可以放一个聪明基因到我们的基因密码书里，让我们变得更聪明？或是放一个可以"返老还童"的基因，让我们可以像名侦探柯南一样变成儿童的样子重新生活？

我想拥有纯洁善良的基因！

你现在没有吗？

基因工程想要获得进步，有几个需要了解与解决的问题。首先，要了解的是，特定基因有什么样的功能？其次，如何取得特定基因，并将其放到需要改变的密码书内？最后，基因改变后，是否稳定与安全？

对于第一个难题，虽然生物科技发展很快，但是光人类就有三万多个已知基因，所以这个领域内其实还存在着很多的未知。比如说，这些基因产生的蛋白质是什么？在身体里面的功能又是什么？即便是细菌，我们也无法完全参透它们的基因设计与功能。这些都是**基因工程最初的瓶颈：到底能不能用？**

第二个重大的困难，就是在有细胞核的生物中，我们的基因密码书，其实都被包裹且整理得很好，要将密码书打开来编辑——取下、插入，或是修改——并不是那么容易。但是，基因编辑技术上的进步（字面上已经让基因"工程"变成似乎更容易的基因"编辑"），让我们可以更准确地在"装箱的书堆"中打开"书本"，把密码正确地写入。虽然成功率可能已从百万分之一提高到百分之一，但还有很大的进步空间。

第三个难题，关于稳定性与安全性。理论上，即使可以成功地安插基因密码到密码书的正确位置，但事实上，还是可能在操作的过程中出错，把密码塞进了别的书中或是别的地方。这暗藏了许多危险。

　　同时，当我们要放不同的基因密码到密码书内，就必须知道哪一页、哪一个段落才可以无缝衔接地安插进去。这些都是基因工程需要克服的挑战。

想不到要拥有善良的基因这么困难。

嗯！阿妞不要乱解释。

　　之前，我们国家有一个基因工程——"不会得艾滋病的宝宝"。科学家在这个宝宝的受精卵时期，就对其进行了基因工程的改造。他们把可能会被病毒辨识的标记蛋白质（类似圣诞老人要进入屋内需要认识烟囱，才能从烟囱钻进来一样）清除后，这个宝宝就不会受到艾滋病毒侵入了。

然而，这会衍生出许多问题，如我们怎么知道艾滋病毒只会通过这个"烟囱"进入细胞内呢？将这个烟囱的蓝图从密码书中拿掉，会不会导致其他的问题？

　　或者，科学家在修改密码书的同时，这些改造的工具会不会对宝宝的生命产生伤害，例如不小心破坏了别的基因密码书的内容？这些都让这件事情充满变量，也是在挑战人类的道德底线。因此多名科学家开始联合抵制基因编辑人类胚胎。

　　**基因工程存在的初衷，其实是希望解决人类面临的生存难题。**例如，糖尿病患者需要胰岛素，但是如果用其他人捐赠或是其他动物产出的胰岛素，可能缓不济急。如果可以通过像是生产乳酸菌饮料的方式，用大肠杆菌大量生产，那这便是糖尿病患者的福音了。

　　当技术越来越先进，社会上可能就会产生一些涉及人类道德或是社会规范的争议。比如是不是要用基因工程创造出聪明宝宝，或是能够长生不老的人类？

善用我们的工具来对抗疾病、对抗病毒，在道德共识下，去解决可以解决的问题，这才是基因工程未来无限发展的根基。

发明汽车后，汽车在路上跑来跑去很可怕！

所以人类就用交通规则去规定汽车要怎么开，才不会出问题啊！